MÉMOIRE

SUR

L'UTILITÉ DES PARAGRÊLES.

IMPRIMERIE
DE MADAME HUZARD (NÉE VALLAT LA CHAPELLE),
rue de l'Eperon, n°. 7

MÉMOIRE

SUR

L'UTILITÉ DES PARAGRÊLES,

ET

PRINCIPES SUR LESQUELS ILS REPOSENT,

OU L'ON TROUVE AUSSI TOUT CE QU'IL EST NÉCESSAIRE DE FAIRE POUR PRÉSERVER LES CAMPAGNES DE LA GELÉE, LES ÉDIFICES DE LA FOUDRE, LES BLÉS DU CHARBON ET LES VIGNES DE LA BRULURE;

PAR M. RAMBERT,

Professeur de philosophie et Membre correspondant de l'Académie royale des Sciences de Turin et de l'Athénée de Niort,

(Habitant le département des Deux-Sèvres).

A PARIS,

CHEZ MADAME HUZARD, LIBRAIRE,

Rue de l'Éperon Saint-André, n°. 7.

1826.

AVANT-PROPOS.

Le pouvoir des barres métalliques pour attirer le fluide de la foudre est connu, l'expérience de cinquante ans l'a assuré. Le docteur Franklin, qui a été le premier à le découvrir, a soupçonné, dès le moment de cette découverte, que des pointes métalliques éparses sur une surface donnée de terrain pourraient la préserver de l'orage, et détruire, jusque dans son principe, le germe funeste de la grêle. Ce soupçon a été confirmé non pas seulement par les observations du célèbre professeur Volta, mais surtout par ces expressions de Messieurs de l'Académie française, consignées dans l'*Instruction sur les Paratonnerres, de* 1823, publiée, cette même année, par ordre de S. Ex. le Ministre de l'in-

térieur : « Il est hors de doute, di-
» sent-ils, que si les paratonnerres
» étaient très-multipliés sur la surface
» entière de la France, ils ne prévins-
» sent aussi la formation de la grêle. »
Après les nombreuses expériences qui ont déjà été faites dans plusieurs départemens de ce royaume, en Suisse, en Autriche, en Italie, en Savoie, pour le vérifier, et après les heureux résultats qu'on en a déjà obtenus, on peut regarder ce soupçon comme une certitude et même comme une vérité. Il est surprenant que dans ce département, où ce qui est de quelque utilité à l'agriculture est si bien cultivé, on n'ait pas encore songé à imiter, sur un objet aussi important, le zèle qui anime les habitans des départemens des Hautes-Pyrénées, du Doubs, du Nord et de bien d'autres. On ne peut douter qu'en considérant les efforts que l'on fait de tous

côtés pour constater les heureux effets des paragrêles, ils ne réunissent les leurs pour contribuer à l'introduction, dans ce département, d'un moyen qui peut y produire tant de précieux avantages. Le mémoire que nous allons publier sur l'utilité des paragrêles, peut avoir quelque part à cette importante introduction, et nous espérons que sous les auspices d'un Magistrat qui honore toujours de sa protection et encourage même la pratique de toutes les découvertes utiles, ce département n'aura, sous peu, rien à envier à l'enthousiasme dont plusieurs autres départemens du royaume sont animés pour préserver leurs campagnes du plus grand fléau qui existe pour elles. On verra dans le mémoire que nous annonçons, qu'on peut substituer aux barres métalliques des cordes métalliques, et même des cordes de paille, qui jouissent, aussi bien qu'elles, de la faculté conductrice. On y trouvera aussi des moyens de préserver les récoltes des tristes effets de la gelée, et les édifices de la foudre. On y trouvera même des pensées qui ne seront pas dénuées de la probabilité qu'on puisse aussi empêcher, par la voie des conducteurs qui garantissent de la grêle, ce qu'on appelle dans les blés le *charbon*, et ce qu'on appelle dans les vignes la *brûlure*. Les principes sur lesquels se reposent ces préservatifs, sont trop certains pour qu'on puisse craindre qu'ils ne soient pas vérifiés par l'expérience. En conséquence, tout porte à croire que le but qu'on se propose va être bientôt rempli dans ce département (1) [*].

---

[*] Voir la note (1) et les suivantes, à la fin du mémoire.

MÉMOIRE

SUR

L'UTILITÉ DES PARAGRÊLES,

ET

PRINCIPES SUR LESQUELS ILS REPOSENT.

OU L'ON TROUVE AUSSI TOUT CE QU'IL EST NÉCESSAIRE DE FAIRE POUR PRÉSERVER LES CAMPAGNES DE LA GELÉE, LES ÉDIFICES DE LA FOUDRE, LES BLÉS DU CHARBON ET LES VIGNES DE LA BRULURE.

ARTICLE PREMIER.

PRINCIPES DE L'ACTION DE LA MATIÈRE ÉLECTRIQUE.

Le mot *électricité* vient du mot latin *electrum*, qui veut dire, en français, ambre. Les anciens avaient reconnu qu'en la frottant, un fluide très-subtil se rendait sensible : c'est ce fluide qu'on nomme la *matière électrique*. Cette propriété, qu'on n'attribuait jadis qu'à l'ambre, est attribuée aujourd'hui a bien des corps et sur-tout aux nuages orageux. Est-ce en se froissant les uns sur les autres qu'ils manifestent leur électricité, ou autrement? C'est ce qu'on ne sait pas bien au juste ; mais le fait est que c'est principalement dans les temps d'orage qu'ils la rendent sensible. L'écoulement subit à travers l'air, sous la forme d'un grand trait lumineux, de la matière électrique dont était chargé un nuage orageux, est ce qu'on appelle le fluide de la foudre ou l'éclair. La matière électrique pénètre les corps et s'y meut à travers leur propre substance. Les molécules de la matière électrique sont douées d'une force expansive, en vertu de laquelle elles tendent à se répandre dans l'espace. Elles ne sont retenues que par la pression de l'air, contre lequel, à leur tour, elles exercent une pression proportionnelle en chaque point ou carré de leur nombre. Lorsque cette dernière pression est devenue supérieure à la première, la matière électrique s'échappe dans l'air en un torrent invisible ou sous la forme d'un trait lumineux. Tout corps électrisé a, autour de lui, une matière en mouvement qui est la cause immédiate de tous les phénomènes électriques. Rien n'a plus de tendance à se remettre en état d'équilibre, lorsqu'il a été rompu, que cette matière (2).

ARTICLE II.

IDENTITÉ DES EFFETS ÉLECTRIQUES DE NOS MACHINES AVEC CEUX DES NUAGES.

Il n'y a rien qui prouve mieux l'identité des effets électriques de nos machines avec ceux des nuages orageux, que les expériences de M. Franklin et de M. de Romas faites en 1752 et 1753. Il résulte de leurs expériences qu'on peut produire les phénomènes électriques de nos machines, en empruntant la vertu électrique d'un nuage orageux, au lieu de l'emprunter d'un globe ou d'un plateau frotté. Pour cela, il ne faut qu'isoler convenablement un conducteur sous le nuage orageux : et pour avoir de plus grands effets, on approche du nuage le plus qu'il est possible une des extrémités du conducteur, en l'élevant par le moyen du cerf-volant

Ils ont, par ce moyen, obtenu tous les deux des jets de feu assez considérables. M. Gray paraît être le premier qui ait soupçonné cette identité; car, après avoir parlé de plusieurs expériences d'électricité, il continue en ces termes : « Nous voyons par ces expériences, » qu'on peut produire par l'électricité une » flamme de feu avec une explosion, et » quoique cet effet ne soit à présent qu'en » petit, il est très-probable qu'avec le temps » on trouvera un moyen de rassembler une » plus grande quantité d'électricité, et con- » séquemment d'augmenter la force de ce » feu électrique, qui, par plusieurs expé- » riences, paraît être de la même nature » que celui du tonnerre et des éclairs. » Ce soupçon n'est plus un soupçon de nos jours, mais une certitude. Qu'y a-t-il en effet de plus ressemblant à un éclair qu'une étincelle de nos machines, et à un coup de foudre que la commotion électrique?

ARTICLE III.

ÉTAT DE LA MATIÈRE ÉLECTRIQUE DANS LES NUAGES EN TEMPS D'ORAGE.

Nous avons remarqué, à l'article premier, que la matière électrique était douée d'une force expansive et d'une grande tendance à se mettre en équilibre : or cette force expansive et cette tendance ne s'exercent jamais mieux que dans un nuage orageux. Celui-ci contenant cette matière en surabondance, et la terre se trouvant en manquer, il doit nécessairement ne pas y avoir équilibre entre la matière électrique du nuage orageux et la matière électrique de la terre; et s'il n'y a pas équilibre, l'effort de la matière électrique du nuage orageux doit être très-grand pour se mettre au niveau de la matière électrique de la terre. De là, il arrive qu'il se forme autour du nuage orageux une espèce d'atmosphère électrique, et que, si un corps terrestre doué de la faculté conductrice de la matière électrique vient à toucher à cette atmosphère, le rétablissement de l'équilibre entre les deux matières a lieu dans le même instant. On peut aussi expliquer l'état de la matière électrique dans les nuages orageux de cette autre manière : Avant que l'éclair ait lieu, le nuage orageux, par son influence, fait sortir tous les corps placés au-dessous de lui à la surface de la terre, de leur état naturel ; il attire vers leur partie antérieure la matière électrique de nature contraire à la sienne et repousse dans le sol celle de même nature. Chaque corps est ainsi dans un état d'intumescence électrique, et devient à son tour un centre d'attraction vers lequel la matière électrique tend à se porter. La matière électrique, dans ce cas, s'élance du nuage orageux sur les corps qui sont soumis à son influence et se met en équilibre avec eux (3).

ARTICLE IV.

ORIGINE DE LA PLUIE ORAGEUSE ET DE LA GRÊLE.

Lorsque l'électricité, surabondant dans un nuage orageux par suite de l'effort qu'elle fait pour se mettre en équilibre avec la matière électrique de la terre, se manifeste avec lumière ; il y a toujours inflammation du gaz hydrogène qui se trouve dans les parties supérieures de l'atmosphère réuni au gaz oxigène; et, comme l'on sait, d'après les découvertes des physico-chimistes modernes, que de cette inflammation on a pour résultat de l'eau, il s'ensuit que la pluie orageuse ne peut avoir d'autre origine que celle de l'inflammation de ces deux gaz : on a pu remarquer que dans les temps d'apparence d'orage, après un fort éclair, la pluie tombe en abondance. On dira peut-être : Mais comment se fait-il que cette même pluie tombe quelquefois glacée et sous la forme de grêle? Les grandes chaleurs qui se font sentir en été, et sur-tout avant que l'orage éclate, ne devraient-elles pas s'opposer à cette congélation ? Voici ce que l'on a à répondre à cette difficulté : Tous les physiciens conviennent que la matière électrique a beaucoup d'affinité avec celle de la chaleur ; il y en a même qui prétendent que la matière électrique est la même que celle de la chaleur et de la lumière : or, cela étant, doit-il paraître étonnant que la matière électrique, manifestée par un jet de lumière et passant à côté de la pluie orageuse tombante, lorsqu'elle obéit à la tendance naturelle qu'elle a de se mettre en équilibre, glace cette dernière en lui soustrayant dans son passage la dose de chaleur qui la maintenait liquide? Je ne vois rien qui puisse empêcher cet effet: on doit conclure que la grêle n'est formée qu'en vertu de cette soustraction (4).

ARTICLE V.

POUVOIR DES POINTES MÉTALLIQUES POUR SOUTIRER LA MATIÈRE ÉLECTRIQUE QUI SURABONDE DANS LES NUAGES ORAGEUX.

On a pu s'assurer par ce que nous avons dit ci-dessus, que lorsqu'un nuage est surchargé de matière électrique, il se forme autour de lui une atmosphère électrique, et que si un corps terrestre ayant la faculté conductrice de cette matière, venait à y toucher, l'excès de cette matière en était soutiré pour le rétablissement de l'équilibre entre le nuage orageux et la terre. Or, si l'on peut dire ceci d'un conducteur terrestre en général, quelle que soit la forme dont il est terminé dans sa partie supérieure; on peut le dire à plus forte raison des pointes métalliques, comme il résulte des expériences faites par MM. *Franklin* et *de Romas* avec le cerf-volant, et de celles que nous faisons à l'aide de nos machines. Si en effet à un conducteur fortement électrisé on présente, même d'assez loin, une pointe très-fine d'une verge métallique, aussitôt les signes d'électricité que donne ce conducteur, sont considérablement diminués, quoiqu'ils ne soient pas totalement éteints, et cette diminution est d'autant plus considérable, et a lieu à une distance d'autant plus grande, que la pointe est plus déliée. Si l'on retire la pointe, sur-le-champ les signes d'électricité reparaissent; si on la présente de nouveau, ils disparaissent dans l'instant: c'est là ce que l'on applle *le pouvoir des pointes*. C'est M. *Franklin* qui a le premier remarqué ce pouvoir des pointes. Ces pointes, paraissant avoir la propriété de soutirer, en quelque façon, l'électricité d'un conducteur, firent imaginer à M. *Franklin* de soutirer par le même moyen l'électricité d'un nuage orageux. Son idée a été confirmée par l'effet qu'ont produit tous les paratonnerres usités depuis lui jusqu'à nos jours (5).

ARTICLE VI.

VERTU QU'ONT LES MÉTAUX ET LES CORDES DE PAILLE DE CONDUIRE LA MATIÈRE ÉLECTRIQUE.

On donne le nom de *conducteurs* aux corps qui conduisent ou laissent passer rapidement la matière électrique dans leur intérieur, à travers leurs particules : tels sont le charbon calciné, l'eau, les végétaux, les animaux, la terre, en raison de l'humidité dont elle est imprégnée, les dissolutions salines, et surtout les métaux, qui sont en cela très-supérieurs aux autres corps. Un cylindre de fer, par exemple, conduit, dans le même temps, au moins cent millions de fois plus de matière électrique qu'un égal cylindre d'eau pure, et celle-ci environ mille fois moins que l'eau saturée de sel marin. M. *Lapostolle*, professeur de chimie à Amiens, a découvert dans les cordes de paille la même faculté conductrice qu'ont les métaux. Les corps qui ne laissent pénétrer que difficilement la matière électrique entre leurs particules, et dans lesquels elle ne peut se mouvoir avec liberté, sont désignés sous le nom de *non-conducteurs*, ou de *corps isolant* : tels sont le verre, le soufre, les résines, les huiles, la terre, la pierre et les briques sèches, l'air et les fluides aériformes. Parmi les corps conducteurs, il n'en est cependant aucun qui n'oppose quelque résistance au mouvement de la matière électrique. Cette résistance, se répétant dans chaque portion du conducteur, augmente avec sa longueur, et peut devenir plus grande que celle qu'opposerait un conducteur plus mauvais, mais d'une longueur moindre. La matière électrique éprouve aussi plus de résistance dans un conducteur d'un petit diamètre, que dans le même d'un diamètre plus considérable : on peut par conséquent suppléer à l'imperfection de la conductibilité dans les conducteurs, en augmentant convenablement leur diamètre et diminuant leur longueur.

ARTICLE VII.

MÉTHODE POUR EMPÊCHER LA PLUIE ORAGEUSE ET LA GRÊLE.

Cette méthode consiste à empêcher la formation de l'une et de l'autre. Pour y parvenir, il n'y a que deux choses à faire ; savoir, faire en sorte que le gaz hydrogène qui se trouve dans les parties supérieures de l'atmosphère ne s'enflamme pas, et que l'équilibre entre la matière électrique des nuages orageux et celle de la terre se rétablisse doucement et sans qu'il y ait d'étincelle électrique. On a remarqué que la grêle est toujours précédée par plusieurs éclairs, qu'elle n'a lieu qu'au commencement de l'orage et après plusieurs jours sereins qui ont interrompu la communication de l'électricité entre la terre et les parties les plus hautes de l'atmosphère, et que, dès que le nuage orageux a été déchargé de la surabondance de son électricité, la grêle se change en pluie. Il suffit donc d'empêcher les éclairs et de rétablir l'équilibre entre l'électricité des nuages et celle de la terre, pour empêcher la grêle et la pluie orageuse. Comme le défaut d'équilibre dans l'électricité des nuages orageux, ainsi que je le fais observer dans mon *Essai sur la cause des orages et sur les moyens de les prévenir*, est l'unique cause de l'éclair et ensuite de la pluie d'orage, puisque, lorsqu'il a lieu, le gaz hydrogène qui se trouve dans les parties supérieures de l'atmosphère, uni au gaz oxigène, s'enflamme et donne de l'eau, il me semble qu'en faisant élever dans chaque commune un nombre suffisant de conducteurs de la foudre à pointes dorées, et les faisant placer dans les lieux les plus élevés et à la distance convenable, on ôterait aux nuages orageux la surabondance de leur électricité, on empêcherait l'inflammation du gaz hydrogène, et de là il s'ensuivrait que ni la grêle, ni la pluie orageuse n'auraient plus lieu.

ARTICLE VIII.

PARAGRÊLES ET LEUR CONSTRUCTION.

Les paragrêles ont été inventés, soit pour empêcher la formation de la grêle, soit pour en empêcher les effets lorsqu'elle est formée. L'expérience a déjà prouvé qu'on pouvait obtenir ces deux résultats par leur moyen. Il y a plusieurs sortes de paragrêles. Les uns consistent dans des barres de fer finissant en pointes dans leur partie supérieure, et communiquant avec le sol par leur extrémité inférieure. Les autres sont formés par le moyen de perches auxquelles est appliqué un fil de fer portant, dans sa partie supérieure, une pointe en laiton, et dont la partie inférieure s'enfonce avec la perche de deux à trois pieds dans le sol. Les autres enfin consistent en une flèche métallique qu'on place au haut d'un arbre, peut-être d'un peuplier, et qu'on fait communiquer avec la terre, soit avec un fil de fer, soit avec une corde de paille. La première espèce est trop coûteuse, et la troisième a ses inconvéniens, quoique ce soit la plus commode et la moins dispendieuse. On se sert ordinairement de la seconde espèce. Voici la construction des paragrêles de MM. Tholard et Chavannes. Le premier se sert d'une corde de paille, dans laquelle il entre du lin écru. Il lui donne pour support une perche de la hauteur de vingt-cinq pieds. Il place à son extrémité vers le ciel une flèche métallique à pointe très-aiguë. Cette flèche doit toucher le cordon de lin et le dépasser d'environ dix pouces. La perche et la corde en paille-lin doivent entrer dans la terre par leur partie inférieure. Le second a choisi pour la formation de son paragrêle une très-longue perche, au sommet de laquelle il a appliqué une verge de laiton. A cette verge il a attaché une corde de paille de quinze lignes de diamètre, au milieu de laquelle il a mis un cordon de lin rude de douze à quinze fils environ. Ce cordon, appliqué à la perche, doit avancer avec elle dans la terre (6).

ARTICLE IX.

EXPLICATION DE LA MANIÈRE DONT LES PARAGRÊLES AGISSENT.

Après ce qui a été dit sur le pouvoir des pointes à attirer et à absorber la matière électrique, ainsi que sur la faculté que les métaux, les cordes de paille et la terre humide ont de la conduire, il est aisé de connaître la manière dont les paragrêles agissent pour garantir les champs de la grêle. Il est certain que la matière électrique qui se trouve abonder dans les nuages orageux se jette sur les pointes à-peu-près comme le fer se jette sur l'aimant; celles-ci, après l'avoir reçue, la communiquent ou avec le fil de fer ou avec la corde de paille qui les touchent et qui sont en communication avec le sol humide, ou même avec la barre de fer qui fait continuité avec elles, si le paragrêle dont on se sert est fait à la manière des paratonnerres. Le fil de fer, la corde de paille ou la barre de fer transmettent à la terre la matière électrique que les pointes leur ont communiquée, et les nuages orageux se trouvant par là déchargés de la surabondance de cette même matière, il ne peut plus y avoir ni éclair ni grêle. On pourrait peut-être contester aux cordes la vertu conductrice de la matière électrique; car, quant aux métaux, il y a long-temps qu'on la leur connaît; mais voici ce qui la leur fait attribuer. M. Tholard, ayant observé qu'avec une corde de paille il avait pu décharger une jarre électrique sans bruit et sans commotion, il a pensé qu'elle aurait pu remplacer les chaînes si coûteuses des paratonnerres. L'expérience a fait encore voir, depuis, qu'il ne s'était point trompé dans sa spéculation. Les cordes de M. Tholard sont en paille-lin; mais on pourrait en faire avec le même avantage avec du chanvre, et sur-tout dans les pays où le lin est rare.

ARTICLE X.

INCONVÉNIENS A ÉVITER DANS LA CONSTRUCTION DES PARAGRÊLES.

Pour qu'il n'y ait point d'inconvéniens dans un paragrêle, il faut qu'il soit fait avec des corps qui soient bons conducteurs de la matière électrique; il faut qu'il y ait continuité dans les conducteurs; qu'il soit planté sur un terrain qui ait l'humidité suffisante; il faut, autant que faire se pourra, qu'il ne soit point appliqué à des arbres, et enfin qu'il soit bien solide. Si l'une de ces conditions manque, on ne peut pas s'attendre de retirer grand avantage du paragrêle; car, si le paragrêle n'est pas un bon conducteur de la matière électrique, il ne l'attirera pas; s'il y a solution de continuité, elle s'échappera; si le sol sur lequel il est planté n'est pas suffisamment humide, elle ne pourra s'y insinuer; s'il est appliqué à des arbres, ils peuvent en être endommagés; et s'il n'est pas solide, le vent l'abattra. Il faut en outre, pour que l'effet que les paragrêles doivent produire ait lieu, qu'ils soient plantés dans les lieux les plus élevés et à la distance convenable. Les lieux les plus élevés où l'on peut en établir sont les crêtes des montagnes, les collines, les clochers, les tours, le sommet des arbres. La distance à laquelle ils doivent être plantés est, selon les uns, de cent cinquante mètres, et, selon d'autres, de quarante-cinq. Une dernière précaution enfin, qu'il est bien de prendre dans le placement des paragrêles, est qu'il ne suffit pas d'armer de paragrêles le sol même qu'on veut garantir, puisque, si la grêle peut se former hors de la sphère d'action de ces appareils, elle pourra venir fondre sur le sol qui en sera muni. Qu'on apporte donc dans la formation et la plantation des paragrêles tous les soins possibles.

ARTICLE XI.

RÉSULTATS HEUREUX OBTENUS PAR LE MOYEN DES PARAGRÊLES.

Les avantages des paragrêles ne sont plus aujourd'hui un de ces problèmes qu'on propose souvent sans en donner aucune solution. Des faits multipliés et très-heureux ont déposé en leur faveur. Des expériences faites, non pas seulement en petit, mais dans un très-grand nombre de communes et même dans des États entiers, en assurent la précieuse utilité. Déjà en 1823 on publiait dans le département des Hautes-Pyrénées, par des circulaires imprimées, qu'en 1821 et 1822, les communes de ce département qui avaient été munies de paragrêles avaient été préservées du fléau de la grêle, tandis que les champs non paragrêlés en avaient subi les désastreux effets. M. Tholard, en 1823, et MM. Aud, Altofi et Beltrami, en 1824, ont confirmé ces résultats par de nouvelles tentatives. Enfin, les expériences qui ont eu lieu l'an passé à ce sujet en France, en Autriche, en Bavière, en Suisse, dans la Romagne et dans la Savoie, ne paraissent laisser aucun doute sur l'efficacité du moyen qu'on a employé, soit pour prévenir la formation de la grêle, soit pour en empêcher les effets destructeurs. Il résulte de toutes les observations qu'on a faites jusqu'à ce jour sur les paragrêles, que ceux-ci, lorsqu'ils sont bien faits et convenablement placés, rétablissent l'équilibre entre la matière électrique des nuages orageux et la terre d'une manière uniforme, et empêchent par là, soit la formation de la pluie orageuse, soit la soustraction de la chaleur qui la maintenait liquide : de sorte que dans les terrains qui étaient munis de paragrêles, on a vu bien souvent la grêle changée ou en une espèce de neige ou en pluie abondante.

ARTICLE XII.

LES DÉPENSES QUE LA FORMATION DES PARAGRÊLES NÉCESSITE SONT BEAUCOUP INFÉRIEURES AUX DOMMAGES CAUSÉS PAR LA GRÊLE.

En voyant les heureux résultats qu'on a obtenus de l'usage des paragrêles, il peut arriver qu'il y ait des propriétaires qui soient tentés d'en faire l'essai dans leurs biens; mais ce qui les effraye, disent-ils, c'est la dépense considérable qu'il faut faire pour se les procurer et les établir. Pour leur ôter cette crainte, faisons un calcul approximatif de la dépense que pourrait occasionner l'établissement des paragrêles dans deux territoires donnés, par exemple, dans deux départemens, et comparons-la avec le dégât qui peut être fait par la grêle, dans un nombre donné d'années, afin qu'on puisse voir par là si l'on a avantage ou perte dans l'emploi des paragrêles. Supposons la surface des deux territoires donnés de deux millions d'arpens; déduisons-en la partie qui est occupée par les bois, les bruyères et les friches; mettons-la de cinq cents arpens, il n'y a plus qu'un million cinq cent mille arpens exposés aux désastres de la grêle. Ne plaçant ensuite les paragrêles qu'à cinquante mètres de distance, pour qu'ils garantissent les biens fonds de tous les dégâts de l'orage, chacun en garantira douze arpens: d'où il s'ensuivra que cent vingt-cinq mille paragrêles suffiront pour préserver des effets désastreux de la grêle quinze cent mille arpens. La dépense d'un paragrêle, en prenant un terme moyen, n'étant guère que de vingt sous, la dépense totale, pour dix ans, se monterait à cent vingt-cinq mille francs, et celle d'un an à douze mille cinq cents francs. Cette dépense annuelle peut encore se réduire à neuf mille trois cent soixante-quinze francs, si l'on se sert, dans les paragrêles, d'arbres au lieu de perches. Portons maintenant le revenu annuel de chaque arpent à six francs sur une surface de quinze cent mille arpens munis de paragrêles; on entend que ce soit le revenu certain, toutes dépenses déduites : on aurait neuf millions tous les ans de revenu net. Supposons à présent que l'étendue de terrain dont il est question soit grêlée tous les neuf ans une fois, la grêle sera censée faire tous les ans le dommage d'un million. Donc, avec douze mille cinq cents francs ou même avec les trois quarts de cette somme, c'est-à-dire avec neuf mille trois cent soixante-quinze francs de dépense annuelle, on s'épargnerait la perte d'un million tous les ans, et l'on s'assurerait, avec une si modique dépense, le revenu de plusieurs millions par an. On voit donc par là qu'il y a un grand avantage d'établir des paragrêles.

ARTICLE XIII.

POURQUOI LA GRÊLE NE DONNE QU'EN CERTAINS ENDROITS.

La grêle n'étant formée, suivant l'explication qui en a été donnée à l'article quatrième, que de la soustraction instantanée qui a été faite aux gouttes de pluie de leur chaleur, par le passage de la matière électrique douée d'une grande affinité avec cette dernière, et d'une plus grande capacité à la contenir que n'en ont les gouttes de pluie elles-mêmes, il s'ensuit qu'il ne doit y avoir de grêle que là où la soustraction dont il est question, a lieu. Ce qui prouve cette assertion, c'est qu'on a observé que la grêle qui tombe sur le haut des montagnes est plus petite, toutes choses d'ailleurs égales, que celle qui tombe dans les vallées. Il faut croire que de nouvelles gouttes de pluie s'ajoutant aux globules de glace déjà formés et de nouvelles soustractions continuant à se faire, jusqu'à ce qu'ils soient parvenus à la fin de leur chute, leur grosseur doit nécessairement augmenter.

ARTICLE XIV.

PRÉVENTION CONTRE LES PARAGRÊLES MAL FONDÉE.

C'est une folie, dit-on, de vouloir empêcher la grêle, et d'ailleurs les nuages où elle se forme, et d'où elle descend toute formée, sont placés trop haut pour que nous puissions les atteindre avec les machines qu'on appelle *des paragrêles*. Quand on veut raisonner sans avoir les connaissances nécessaires, on s'expose à dire des choses qui ne sont conformes ni aux principes ni à la possibilité de l'homme. Les lumières de nos jours sont portées à un point, qu'il ne faut plus s'étonner de la hardiesse des découvertes de nos philosophes. Qui aurait pu penser seulement, il y a quelques années, qu'on aurait osé s'élever dans les airs à une hauteur prodigieuse, par le moyen des ballons volans ? Qui aurait pu croire qu'on serait parvenu à ôter aux nuages la foudre par le moyen des paratonnerres ? Qui aurait pu imaginer qu'on aurait réussi à voyager sur les rivières et sur les mers, en se servant de bateaux à vapeur? Qui aurait pu se persuader qu'on aurait trouvé moyen d'éclairer pendant la nuit des maisons et des villes entières avec de l'air? Qui aurait pu se figurer qu'on aurait osé porter ses vues jusqu'à chercher à mesurer avec exactitude les mouvemens des corps célestes, et à découvrir de nouveaux mondes? Toutes ces découvertes et bien d'autres que je me dispense de citer auraient été regardées il y a quelques siècles, comme autant de rêves d'une imagination échauffée; et cependant elles ne sont pas moins réelles. Pourquoi refusera-t-on donc de croire à la découverte du moyen d'empêcher les effets de la grêle? Ce moyen n'est-il pas fondé sur des faits qui en constatent l'efficacité, l'importance? Si l'on pense que les nuages sont trop haut pour être atteints par les paragrêles, on se trompe, tout comme l'on se trompe quand on croit que la grêle se forme dans la région des nuages. Qu'on se rappelle ici ce que nous avons dit ci-dessus sur l'atmosphère électrique formée par les nuages orageux, sur le pouvoir des pointes pour le rétablissement de l'équilibre entre la matière électrique qu'ils contiennent et celle de la terre, et sur la soustraction de la chaleur faite par l'électricité aux gouttes de pluie; et l'on commencera par comprendre qu'il est très-possible que nos paragrêles empêchent les effets de la grêle. Qu'on considère ensuite que c'est une chose reconnue par ceux qui voyagent sur les montagnes, que bien souvent les vallées qui en sont au pied se trouvent ravagées par la grêle, tandis que les cimes sont sereines, et l'on achèvera de se convaincre de la possibilité qu'il y a que nos paragrêles puissent atteindre les nuages orageux, ou au moins l'immense atmosphère électrique qu'ils forment autour d'eux. En outre, il a été remarqué par les habitans qui demeurent auprès des montagnes, que les nuages orageux passent ordinairement d'une vallée à l'autre en suivant la direction des cols et des gorges; ce qui prouve de plus en plus qu'ils ne sont pas si hauts qu'on se le figure. Quant à la grêle, on croit qu'elle se forme en descendant, et non dans la région où se trouvent les nuages.

ARTICLE XV.

LES PARAGRÊLES PEUVENT AUSSI DEVENIR DES PARAGELÉES.

On a remarqué que les effets des gelées blanches du printemps, ne viennent ni de l'intensité du froid, ni de la congélation des humeurs qui se trouvent sur les végétaux en ce même temps; mais du passage du fluide électrique, qui, aux premières journées chaudes du printemps, sortant du sein de la terre, où il a été concentré par les rigueurs du froid de l'hiver, se trouve forcé par les gelées blanches à prendre la voie intérieure des germes et des fleurs pour se mettre en équilibre avec celui de l'atmosphère; et c'est en passant ainsi dans leur intérieur qu'il les brûle au point, que, après quelques heures de soleil, on peut les réduire en poussière, en les pressant sous ses doigts. Ceci est conforme à cet axiome de physique qui dit : « Entre la terre et l'at-
» mosphère qui l'environne, il y a un com-
» merce continuel de fluide électrique, qui

» a lieu non pas seulement en temps d'orage » et d'agitation dans l'air, mais même quand » le ciel est serein et tranquille. » Le principe de ce commerce est la tendance que ce fluide a de se mettre en équilibre. Or, il s'agit de savoir le moyen à prendre pour empêcher les dégâts incalculables qu'il fait dans son passage lorsque, après les gelées blanches, il travaille à établir son niveau. Les paragrêles sont sans doute des moyens très-propres pour empêcher les tristes effets des gelées blanches ; car aux maux de même nature il faut appliquer les mêmes remèdes ; mais ils ne seraient peut-être ni assez multipliés, ni assez économiques pour atteindre le but qu'on se propose. Pour diminuer donc la dépense, et pour faciliter la réussite de l'expérience, on a pensé qu'au lieu de paragrêles en grand, on pourrait en faire en petit, qui deviendraient des paragelées; et voici de quelle manière : on prendrait, pour construire les paragelées dont il est question, des conducteurs de métal d'un prix très-modique, c'est-à-dire du fil de laiton ou de cuivre, ou même de fer vernissé, dont l'extrémité inférieure entrerait jusqu'aux racines des plantes, et la supérieure communiquerait avec une pointe aiguë, également de laiton, soutenue et fixée dans un pal sec, élevé au-dessus du sommet des plus hautes branches. Ces petits conducteurs, d'une petite dépense, me semblent suffisans pour décharger la faible électricité qui est accumulée dans le sein de la terre, et pour lui offrir une voie plus propre et plus prompte de se répandre dans l'atmosphère, en lui faisant éviter la voie des germes. La grossesse du fil doit être celle d'un fil à coudre écru, et celle de la pointe celle d'un fétu de paille. Ces conducteurs, outre l'avantage de défendre les petites plantes des désolans effets de la gelée blanche, auront celui de les faire pousser merveilleusement, en très-peu d'années, comme cela résulte des expériences qu'on a déjà faites à cet égard. Et si l'on veut éviter, dans la construction de ces petits conducteurs, la moindre dépense, ainsi que le danger qu'on les vole, les cordes de paille de froment, de seigle ou d'avoine, d'un plus petit diamètre que celles dont on se sert pour les paragrèles, sont propres à conduire le fluide électrique. On peut s'en servir ainsi : au bas de la tige de la plante qu'on veut préserver des effets de la gelée blanche, on entortille trois ou quatre brasses de ces cordes, ayant le bout inférieur tant soit peu fixé sous terre et touchant les racines principales. S'il n'y a pas de plantes, on enfonce en terre des pals ou des cannes, qu'on entortille de ces cordes; et comme celles-ci ont beaucoup de pointes qui absorbent et dispersent le fluide électrique, et qu'elles sont meilleurs conducteurs que les végétaux et leurs germes, elles obligeront ce même fluide à préférer les voies des cordes à celles des fleurs et des germes, d'où il s'ensuivra qu'ils seront exemptés, par leur moyen, du dommage qu'il leur cause. Je pense même que pour préserver les plantes des effets de la gelée blanche, il n'est pas nécessaire que chaque plante et toute sa tige soient munies de cordes, et que deux ou trois brasses de cette corde entortillées à la tige doivent suffire pour les garantir, lorsqu'elles sont placées à la distance des paragrêles. La raison en est que, sachant, par les expériences que nous faisons avec nos machines, qu'une seule brasse suffit pour décharger l'appareil électrique le plus formidable, trois ou quatre brasses doivent être plus que suffisantes pour recevoir de la terre et décharger dans l'atmosphère la quantité de fluide électrique, qui sèche et brûle, pour ainsi dire en passant, les germes et les fleurs. L'on ne doit pas craindre que, s'agissant d'armer de ces petits paragelées de vastes campagnes, la dépense devienne considérable; car en plein air un seul paratonnerre bien placé suffit pour garantir des effets de la foudre une maison de vingt-cinq à trente mètres de circonférence; et dans nos cabinets, une seule pointe placée dans le voisinage peut faire disparaître tous les signes d'électricité des conducteurs qui y communiquent. De même un petit nombre de paragelées bien placés peuvent suffire au besoin, et même pour garantir de vastes champs (7).

ARTICLE XVI.

LA NATURE DES LIEUX EXPOSÉS AUX GELÉES BLANCHES CONFIRME LA THÉORIE DES PARAGRÊLES, APPLIQUÉE AUX PARAGELÉES.

Ce n'est ni dans les lieux les plus élevés, ni dans ceux qui se trouvent auprès des forêts, ou qui sont bien garnis d'arbres, que les gelées blanches font les plus grands dégâts, mais dans les lieux bas et humides, et qui sont dégarnis d'arbres. Quelle pourrait en être la cause? c'est que dans les lieux élevés il y a toujours une espèce de ventilation, qui sert de véhicule au fluide électrique qui se développe de la terre : auprès des forêts également et dans les endroits garnis d'arbres, les arbres eux-mêmes lui servent de conducteurs, au lieu que dans les bas-fonds qui manquent d'arbres, il n'y a pas les mêmes avantages. Le fluide électrique, aussitôt sorti de la terre, n'est ni promptement dissipé, ni conduit hors du lieu où il se trouve accumulé, et il y fait par conséquent de grands dégâts. Ses efforts dans ces lieux-là pour en sortir et pour se dissiper, sont bien constatés par le dommage qu'il fait dans les plantes, lequel est toujours, ainsi qu'on l'a observé, de bas en haut et jamais à partir du sommet. Si donc on y établit les paragelées dont on a parlé dans l'article précédent, on aura sujet d'espérer que les effets des gelées blanches dans ces lieux, ou cesseront tout-à-fait, ou diminueront au moins considérablement. Cet établissement y est d'autant plus nécessaire, que ces machines non-seulement y préviendront les dommages que les gelées y causent; mais elles y favoriseront en outre la végétation, et y conserveront les plantes, avec les fruits qu'elles donnent (8).

ARTICLE XVII.

AVANTAGES QUE L'ÉTAT RETIRERAIT DE L'USAGE DES PARAGRÊLES S'IL DEVENAIT GÉNÉRAL.

A l'article XII de ce Mémoire, par le calcul approximatif que nous y avons fait, d'un côté, de la dépense que l'établissement des paragrêles dans deux départemens donnés pourrait occasionner, dans l'espace de dix ans, et de l'autre des avantages qu'ils pourraient procurer aux deux départemens donnés dans le même espace de temps, nous avons reconnu qu'il n'y aurait pendant ce temps-là qu'un million de dépense pour l'y opérer ; mais qu'on y aurait neuf millions de bénéfice de l'y avoir faite : de sorte que nous avons conclu qu'il était très-avantageux d'y établir les paragrêles. Or, si tel est l'avantage qu'on retire dans deux départemens de l'établissement des paragrêles, qu'on juge de celui qui en résulterait pour tout le royaume, si les paragrêles y étaient établis dans tous les départemens. Il est évident que, comme il y a en France quatre-vingt-six départemens, en déduisant les deux dont nous avons déjà parlé, il n'y aurait que quarante et un millions de dépense dans l'espace ci-dessus indiqué pour l'établissement des paragrêles, et on y aurait au contraire, pendant le même espace, pour trois cent soixante-neuf millions d'avantage. Ce qui ferait pour l'État un bénéfice très-considérable, et qui serait perdu pour lui sans l'établissement des paragrêles; si nous ajoutons à ce grand avantage celui d'épargner le dommage que la grêle fait aux nouvelles plantations, aux vignes et à bien d'autres végétaux, dommage dont les suites ne s'étendent pas seulement à un an, mais à plusieurs, on verra que l'utilité de l'établissement des paragrêles est très-grande (9).

ARTICLE XVIII.

LES PARAGRÊLES PEUVENT SERVIR AUSSI DE PARATONNERRES.

Aux avantages très-importans des paragrêles, détaillés dans l'article précédent, on peut en joindre un autre qui ne l'est pas moins, c'est qu'ils peuvent aussi servir de paratonnerres. Or les paragrêles servant aussi de paratonnerres, ils défendront des ravages de la foudre les maisons, les églises, la vie des personnes qui vous sont les plus chères, des arbres utiles à la construction des vaisseaux; des monumens, chefs-d'œuvre de l'art et du génie; et bien des choses nécessaires aux besoins de l'État et des particuliers, telles que la poudre à canon dans les poudrières, la sûreté des bâtimens sur mer, qui contiennent les provisions et les marchandises de beaucoup de personnes et de négocians; enfin ils produiront par une conséquence bien nécessaire, la sécurité, la tranquillité et le bonheur.

ARTICLE XIX.

MANIÈRE DE CONSTRUIRE LES PARAGRÊLES SERVANT DE PARATONNERRES.

Puisque les paragrêles peuvent servir de paratonnerres, il est utile de dire ce qui regarde ces derniers, pour qu'on puisse apprendre la manière de les construire. Un paratonnerre est une barre métallique s'élevant ordinairement au-dessus d'un édifice, et descendant, sans aucune solution de continuité, jusque dans l'eau d'un puits ou dans un sol humide. On donne le nom de *tige* à sa partie verticale, qui se projette dans l'air au-dessus du toit, et celui de conducteur à la portion de la barre qui descend depuis le pied de la tige jusque dans le sol. La tige doit finir en pointe et être dorée à son extrémité supérieure, pour qu'elle ne soit pas endommagée par la rouille. Au bas de la tige il doit y avoir une embase pour rejeter l'eau qui coulerait, sans elle, le long du conducteur. Pour que la partie inférieure du conducteur ne soit pas atteinte de la rouille, on la couvre de charbon, qui est conducteur lui-même. Il peut avoir deux ou trois racines. Lorsqu'auprès de la base du conducteur il n'y a pas de puits, on fait dans le sol, avec une tarière, un trou de neuf à quinze pieds, et on l'y fait descendre, en l'enveloppant comme ci-dessus de charbon. Dans un roc, l'on donne une profondeur au moins double, ou l'on fait des tranchées transversales. Quelquefois, comme dans les clochers, il est utile de substituer les cordes métalliques aux barres; mais alors on les goudronne. La continuité dans les paratonnerres est une condition importante, soit qu'ils soient en barres, soit qu'ils soient en cordes métalliques; l'humidité du sol en est encore une autre. Deux ou trois paratonnerres placés sur un même édifice ne doivent avoir qu'un seul conducteur, parce qu'il est important de conduire la matière de la foudre dans le sol par la voie la plus courte. Une tige de paratonnerre protège efficacement autour d'elle contre la foudre un espace circulaire d'un rayon double de sa hauteur. Les paratonnerres des tours, des clochers et des lieux les plus élevés, étendent plus loin la sphère de leur action. Plusieurs des conditions nécessaires pour la construction des paratonnerres, sur-tout celles qui regardent l'humidité du sol et la continuité du conducteur, sont applicables aux paragrêles (10).

ARTICLE XX.

DE PETITS PARAGRÊLES PEUVENT ÉGALEMENT DÉFENDRE LE BLÉ DU CHARBON, ET LES VIGNES DE CE QU'ON APPELLE LA BRULURE.

On a remarqué qu'il se forme dans les épis de blé des grains qui deviennent tout noirs, et qu'on appelle pour cela *charbon*; tout comme l'on a obervé qu'il y a des grappes de raisin qui noircissent dans les grandes chaleurs, et qu'on nomme *brûlure*. On a at-

tribué jusqu'ici ces deux effets à des causes qui ne sont pas les véritables. On a cru jusqu'à ce jour que le premier de ces deux effets était produit par les mauvais vents, et le second par l'ardeur du soleil. Mais, d'après les observations faites tout récemment par un grand propriétaire, il paraît qu'on s'est trompé jusqu'ici sur la cause de ces deux effets, et qu'on doit les attribuer à l'électricité tout comme ceux des gelées; car voici ce qu'il raconte : « J'avais, dit-il, deux
» grands carrés de blé et deux grands clos
» de vigne. Dans l'un des grands carrés de
» blé, il n'y avait point d'arbres à l'entour;
» et dans l'autre il y en avait non pas seu-
» lement à l'entour, mais il y en avait même
» de distance en distance quelques-uns au
» milieu. Il en était de même des deux clos
» de vigne. Ces arbres étaient des peupliers.
» Qu'est-il arrivé? C'est que, dans une
» seule de ces nuits où la chaleur est étouf-
» fante et les éclairs sans détonnation sont
» continuels, le carré de blé et le clos de
» vigne qui n'étaient pas entourés d'arbres
» ont été ruinés; tandis que les autres, qui

» l'étaient, n'ont pas eu le moindre mal. » D'où il s'ensuit d'une manière évidente que c'est bien l'électricité qui est la cause de ce dommage ; car l'on sait, d'un côté, que le peuplier a une vertu particulière d'attirer et de décharger la matière électrique; et de l'autre, l'on pense que, si lesdits effets devaient être attribués à la chaleur excessive ou à l'influence de quelque vent, alors les blés et les vignes qui étaient entourés de peupliers auraient dû souffrir également, ce qui n'a pas eu lieu. Qu'on plante donc des arbres et sur-tout des peupliers autour des blés qu'on veut garantir du charbon et des vignes qu'on veut préserver de la brûlure, et l'on sera sûr d'obtenir le but qu'on se propose. Si les terrains ne sont pas susceptibles de plantations d'arbres, qu'on y substitue de petits paragrêles, qu'on placera à la distance les uns des autres de vingt-cinq à trente mètres, et l'on aura la consolation de sauver du charbon des pièces de blé considérables, et de garantir bien des clos de vigne des désastres de la brûlure.

ARTICLE XXI.

EXEMPLES D'EXPÉRIENCES FAITES SUR LE TERRAIN AVEC LES PARAGRÊLES.

On dira peut-être : Vous nous vantez beaucoup les effets des paragrêles ; mais vous ne nous citez point des expériences faites en s'en servant sur un terrain déterminé et à une époque rapprochée de nous. On va vous satisfaire, en vous rapportant quelques expériences qui ont été faites dans le canton de Vaud en Suisse l'an passé, et qui sont consignées dans le *Journal* du même canton, sous la date du 5 octobre. Avant de vous les rapporter, il est bon de vous dire qu'une Commission y a été établie, dès le mois de janvier, pour la plantation des paragrêles, et que, grâce au zèle des membres qui la composaient, et des différens propriétaires qui s'y sont prêtés de bonne volonté et de tous leurs moyens, cette plantation s'y est effectuée sans la moindre difficulté. On ne vous donnera point le nombre juste des paragrêles qui ont été plantés par cette Commission ; mais l'on se bornera à vous dire que, dans un seul endroit appelé la Coste, dans le district de Rolle, sur une surface de quatre cent cinquante mille mètres carrés de vignes, on a planté quatre cent trente paragrêles. Voici à présent quelques-unes des observations qui ont été faites sur les lieux munis de paragrêles, dans le courant de l'été dernier, et à partir du mois d'avril. *Première observation.* Le 27 avril, les paragrêles étaient à peine plantés dans le territoire de Lutry, qu'un orage parut se former, après midi, sur le lac ; il était menaçant et avait tous les caractères des nuages orageux. Il s'approcha du bord et on entendait dans l'air un fort bourdonnement. Il tomba en effet de la grêle, qui s'avança dans le vignoble au-delà du lac, jusqu'à une centaine de toises ; mais cette grêle était molle comme de la glace à moitié fondue. *Deuxième observation.* Le 4 juillet, l'on vit, sur les hauteurs de Savigny, un grand nuage se former, vers le soir, sur une forêt élevée, située entre les territoires de Lutry, de Pully et de Belmont. Vers les cinq heures, un vent de nord-ouest le poussa sur le vignoble placé en dessous, qui n'était pas muni de paragrêles. La grêle qu'il donna y fit du mal. Mais dès qu'il arriva vers les lignes des paragrêles, la grêle se changea en une espèce de neige, et n'y fit point de mal. *Troisième observation.* Le vendredi 8 juillet, vers les quatre heures du soir, on vit sur le lac, vis-à-vis de Pully et de Paudez, un orage accompagné de grêle, qui se faisait entendre et menaçait le bord. Il arriva en effet, et il tomba de la grêle en quantité suffisante pour blanchir la terre; mais cette grêle ne fut qu'une grosse neige du volume d'un pois, tombant perpendiculairement. Pully et Paudez étaient munis de paragrêles. Au-delà de la ligne des paragrêles, il ne tomba que de grosses gouttes d'eau. *Quatrième observation.* Le 25 juillet, un nuage épouvantable menaçait les communes de Suin et de Beguin, qui sont armées de paragrêles, lorsque tout d'un coup ce nuage se déchargea avec une pluie très-abondante, mêlée à de la grêle molle, sans consistance, et qui disparaissait en touchant la terre. En cet état, elle ne fit aucun mal, tandis que les vignes voisines, qui n'étaient pas munies de paragrêles, furent fortement battues. *Cinquième observation.* Le 5 août, entre les quatre et cinq heures du matin, le temps étant menaçant, on voyait de Lutry se former un orage du côté de Meillerie, et arriver à travers le lac, et l'on entendait le bruit d'une forte grêle qui tombait dans l'eau. L'orage ne fut pas plutôt arrivé au bord armé de Lutry, qu'il ne donna plus de grêle, mais une pluie abondante formée de grosses gouttes. Le 19 de ce même mois, on vit encore de Lutry sur le lac une grêle qui paraissait être très-forte et menacer de battre le pays; mais arrivée au bord, elle s'arrêta. Les plus notables du lieu, qui étaient spectateurs de ce fait, s'accordaient à l'attribuer à l'influence des paragrêles. En général, tous les faits rapportés dans les observations détaillées ci-dessus sont attestés par des personnes très-dignes de foi. *Sixième observation.* On ajoutera aux observations déjà citées le rapport officiel adressé au département des vignes de Berne, et inséré dans la gazette de cette ville. Voici ce qu'elle contient : Déjà vers la fin du mois de mai, dit le rapport, les communes de Douanne et de Gléresse, qui se trouvent sur les bords du lac de Bienne, armèrent de paragrêles leurs vignobles; plusieurs obstacles empêchèrent pour lors celle de Neuville de suivre cet exemple. Le 4 juillet, les paragrêles ne s'étendaient encore dans cette dernière commune qu'à la distance d'un quart de lieue des dernières lignes de celle de Gléresse, de sorte que cet espace d'un quart de lieue de largeur n'était pas armé. Ce jour-là, vers les deux heures après midi, l'atmosphère se chargea de nuages orageux, et il tomba de la grêle en plusieurs endroits. L'espace vide fut beaucoup endommagé, et l'on y compta de dix à quinze grains par grappe battus par la grêle. La partie du milieu fut la plus endommagée, et le mal diminua à mesure qu'on approcha des lignes des paragrêles. Le 13 du même mois, il se forma un orage au nord de Douanne, au-dessus de Diesse; la grêle tomba en abondance sur les bruyères et s'arrêta entièrement à la première ligne des paragrêles. L'on voit, par ce que je viens de rapporter dans cet article, qui est tiré mot à mot du *Rapport sur l'expérience des paragrêles*, faite dans le canton de Vaud l'été dernier, et qui a été présenté à la Société cantonnale des sciences naturelles de Lausanne par le professeur Chavannes; l'on voit, dis-je, que l'effet des paragrêles est incontestable. Ces expériences, qui ont été faites avec tant de succès sur une large étendue de terrain par une Société agraire très-respectable, et qui est composée de personnes savantes et de plusieurs professeurs, sont bien propres à faire naître le désir de les répéter sur d'autres terrains, non pas seulement dans l'esprit de tous ceux qui, étant propriétaires de biens, ont intérêt à les répéter, mais même dans l'esprit de tous ceux qui aiment le bien public (11).

NOTES.

(1) *Avant-Propos, page* VIII. M. Murray, un des plus célèbres chimistes dont l'Angleterre puisse s'honorer, raisonnant sur la découverte des paragrêles avec M. Chavannes, dit : « Voilà une expé-
» rience digne de l'attention des savans. Elle a
» son fondement dans les lois de la nature, et
» beaucoup de raisons que je tire des observa-
» tions en grand nombre que j'ai faites, me font
» présumer qu'elle donnera les résultats les plus
» avantageux, si elle est faite sur une surface la
» plus étendue qu'il soit possible. »

(2) *Page* 11. Il y a deux opinions sur la cause de l'action de la matière électrique. Dans la plus ancienne, qui paraît avoir été émise, d'abord par Dufay, mais qui a été complétée par Symmer, on conçoit deux fluides qui ont une grande tendance à se combiner, à se mettre en équilibre, et qui manifestent divers effets lorsque cet équilibre est rompu dans un corps : cette opinion est la plus généralement adoptée en France; elle

se prête peut-être plus facilement à l'intelligence des phénomènes. L'autre est due au célèbre Franklin et semble plus conforme à la raison; on n'y suppose que l'existence d'un seul fluide susceptible de pénétrer tous les corps, et dont les diverses proportions en plus ou en moins dans ces corps forment ce qu'on désigne sous les noms d'*électricité positive* ou en *plus*, et d'*électricité négative* ou en *moins*. La première a lieu lorsqu'on suppose le corps chargé d'un excès de fluide par rapport aux autres corps; et la seconde, lorsqu'on le croit dans un état contraire. Les phénomènes des nuages orageux, par rapport aux paragrêles, s'expliquent beaucoup plus aisément avec la seconde de ces deux opinions.

(3) *Page* 14. La sphère d'activité d'un corps électrisé s'étend tout autour de lui, d'où il résulte que tous les corps qui sont dans la limite de la sphère d'activité de ce corps doivent être influencés par son électricité. Deux corps électrisés différemment pourront donc paralyser mutuellement leur action en tout ou en partie, et par suite ne donner de signes d'électricité que lorsqu'ils cesseront d'étendre leur sphère d'activité à une distance donnée. Cet effet ne peut avoir lieu que quand un obstacle s'oppose à leur réunion; car, sans cela,

la tendance au rétablissement de l'équilibre provoque le corps surchargé à se débarrasser de l'excès de ce fluide sur un autre corps; ce qui s'opère par une communication insensible, ou bien par une décharge explosive le plus souvent accompagnée de lumière. C'est là l'état des nuages orageux, en temps d'orage.

(4) *Page* 16. M. Arago, en faisant son rapport sur les observations du capitaine Soresby, fait observer que dans les régions qui sont autour du pôle où il ne grêle jamais, l'électricité atmosphérique est presque nulle, et il ajoute que ce fait paraît indiquer clairement que l'électricité est nécessaire à la formation de la grêle. Rien ne le confirme plus que le fait suivant, que M. le comte Chaptal rapporte et qu'il assure avoir vérifié lui même : « Tandis » qu'une forte pluie d'orage tombait, un négo- » ciant de Montpellier, dit-il, se tenait dans sa » cave pour détourner l'eau qui passait à travers » les trous du mur. Un coup de foudre éclata » dans le même temps si fort, que la maison en fut » ébranlée jusqu'aux fondemens, et à l'instant il » vit l'eau se congeler. » Plusieurs voyageurs rapportent qu'ayant vu la foudre tomber à peu de distance d'eux, ils trouvèrent dans le même moment un creux plein d'eau dont la surface était gelée.

(5) *Page* 18. Il suffit de connaître le pouvoir des pointes et les expériences de MM. Charles et de Romas avec un cerf-volant sous un nuage orageux, pour rester convaincu que si les paragrêles étaient multipliés et placés sur des lieux élevés et aux distances convenables, ils diminueraient réellement la matière électrique des nuages, et par conséquent la fréquence de la grêle sur la surface de la terre. Lorsque M. de Romas, en 1753, et M. Charles, postérieurement, voulurent tenter de soutirer la matière électrique d'un nuage orageux, ils lancèrent contre le nuage un cerf-volant, auquel un fil de fer était attaché, et ce fil de fer amena, sans secousse et sans danger, le fluide électrique à leurs pieds. C'est ainsi que ces physiciens célèbres, en fournissant une preuve irrécusable sur le pouvoir des pointes, parvinrent, comme ils le disaient eux-mêmes énergiquement, à désarmer le nuage orageux. On voit par là que plus une tige métallique s'élève dans l'air, plus son efficacité pour soutirer la matière électrique surabondante du nuage orageux est grande.

(6) *Page* 23. La corde à paragrêle de M. Tholard se fait ainsi : Avec de la paille de froment ou de seigle coupée dans une parfaite maturité et humectée d'un peu d'eau, on forme trois à quatre

petits cordons de deux brins chacun ; on les corde ensuite sur un autre cordon de lin écru composé d'environ quinze fils : c'est ce que l'auteur appelle corde en *paille-lin*. La corde doit avoir au moins quinze lignes de diamètre.

(7) *Page* 40. Pour prouver que ce n'est pas la rigueur du froid qui est la cause des dégâts de la gelée blanche, mais l'électricité, faites l'expérience suivante : Dans le plus fort de l'hiver, prenez un vase de fleurs prêtes à éclore dans une serre ; exposez-les pendant une nuit à toutes les rigueurs de la gelée blanche ; faites-les ensuite sécher au feu ou même au soleil, vous les verrez se flétrir, mais non se dessécher. Au contraire, si vous soumettez un vase de cette nature à l'action de la machine électrique chargée à vingt degrés, vous les verrez non pas seulement se flétrir, mais dessécher.

(8) *Page* 42. Si l'on n'avait pas le résultat de l'expérience en sa faveur, relativement au charbon des blés et à la brûlure des vignes, l'on pourrait faire par induction le raisonnement suivant, qui le ferait découvrir : si les paragrêles servent à merveille pour décharger l'électricité des nuages orageux, à l'effet d'empêcher la formation de la grêle,

pourquoi ces mêmes instrumens, placés sur les arbres et dans les chaussées des contours des blés ou des vignes, à la distance les uns des autres de vingt-cinq à trente mètres, ne pourraient-ils pas servir à soutirer l'électricité, pour l'empêcher d'être absorbée par les épis du blé et par les grapes encore tendres des raisins ?

Pour s'assurer que vraiment le charbon des blés et la brûlure des vignes viennent de l'électricité, qu'on fasse cette expérience : Qu'on prenne d'abord une plante de blé avec toutes ses racines et avec la motte de terre que celles-ci occupent; qu'on la place dans un vase; qu'on l'arrose pour qu'elle ne dépérisse point; qu'on la transporte ensuite dans un cabinet de physique : là, qu'on la mette sous la machine électrique chargée à vingt degrés de l'électromètre; qu'on la fasse communiquer avec la machine ainsi chargée, et l'on verra les grains du blé desséchés et noircis comme le sont les grains de blé des champs qui servent de conducteurs à l'électricité. Qu'on prenne après cela une plante de vigne n'ayant qu'une grappe de raisin, et qu'on la soumette comme ci-dessus à l'action de la machine électrique, en mettant les communications avec la grappe, on la verra pareillement noircir.

(9) *Page* 44. On peut ajouter aux avantages des paragrêles celui de sauver de la plus désolante misère tant de pauvres familles les plus utiles à l'État, auxquelles un seul orage enlève tous les fruits d'une année et plusieurs des années suivantes, et les pousse presque au désespoir.

(10) *Page* 47. Tous les paratonnerres en barres métalliques doivent être peints à l'huile pour éviter le danger qu'il pourrait y avoir pendant qu'ils conduisent le fluide de la foudre, soit qu'il se communique aux corps conducteurs qu'il pourrait toucher, soit qu'il se jette sur les personnes qui n'en seraient pas beaucoup éloignées.

Les arbres très-élevés et qui sont isolés sont de véritables paratonnerres; et ce qui le prouve, c'est que la foudre tombe souvent sur eux; mais leur abri est souvent fatal aux personnes qui le cherchent, à cause que la foudre ne trouvant pas un écoulement suffisant dans leur intérieur, les brise et les déchire presque toujours.

Une expérience de cinquante ans sur l'efficacité des paratonnerres démontre que lorsqu'ils ont été construits avec les soins convenables, ils garantissent de la foudre les édifices sur lesquels ils sont placés.

(11) *Page* 55. Du côté de Chambéry, M. Gely, soutenu par M. l'Intendant général de la Savoie, par Son Ex. le Ministre de l'Intérieur et par plusieurs riches propriétaires, est parvenu à planter sur les montagnes et plaines qui environnent cette ville, mille quatre cent soixante-sept paragrêles. Dans le département du Doubs, on est animé du même zèle. La Société d'Agriculture et des Arts, a même proposé un prix de deux cents francs à celui qui établira dans le département trente paragrêles dans un espace de terrain sujet aux ravages de la grêle. M. Bosc asssure que, pour l'ordinaire, c'est au pied des montagnes et dans la direction de l'est à l'ouest que la grêle donne le plus.

Les observations suivantes, faites avec la plus grande exactitude et aux portes mêmes de Chambéry, prouvent que l'action des paragrêles sur les nuages orageux n'est point une illusion. Le 5 du mois d'août de l'an passé, l'horizon chargé de plusieurs grands nuages amoncelés et de temps en temps déchirés par l'éclair, faisait craindre une grêle des plus ruineuses. Les nuages, poussés par les vents, se portèrent au-dessus de Saint-Albain et de Saint-Jean d'Arvey, communes qui étaient munies de paragrêles jusqu'aux prés de Nivolet. Le tonnerre cessa alors de bourdonner; mais dès qu'ils furent sur la commune des Déserts, qui n'était pas munie de paragrêles, il recommença à faire du bruit. Le même jour, à Montmélian, où il n'y avait de paragrêles que dans les parties inférieures jusqu'à la moitié de la montagne, les nuages s'avancèrent par les gorges supérieures de la Thuile, en présentant toutes les apparences de la grêle, accompagnées d'éclairs et de tonnerres. Elles descendirent ensuite vers les paragrêles, et tout d'un coup elles se changèrent en nuages ordinaires; le tonnerre cessa, et il ne tomba plus que de la pluie. Dans la commune de Cruet, qui touche à celle de Montmélian, et où les paragrêles avaient été mis sur les cimes, les tonnerres furent très-rares; tandis que dans les communes voisines, où l'on n'en avait pas encore établi, ils éclatèrent avec grand fracas.

P.-S. Lors de la transmission de l'ouvrage à l'impression, l'auteur habitait le département des Deux-Sèvres.

TABLE DES ARTICLES

CONTENUS

DANS CE MÉMOIRE.

FIN.

LIBRAIRIE DE MADAME HUZARD,
Rue de l'Éperon, N°. 7.

MÉMOIRE
SUR
L'UTILITÉ DES PARAGRÊLES,
ET
PRINCIPES SUR LESQUELS ILS REPOSENT,

OU L'ON TROUVE AUSSI TOUT CE QU'IL EST NÉCESSAIRE DE FAIRE POUR PRÉSERVER LES CAMPAGNES DE LA GELÉE, LES ÉDIFICES DE LA FOUDRE, LES BLÉS DU CHARBON ET LES VIGNES DE LA BRULURE;

PAR M. RAMBERT,

Professeur de philosophie et Membre correspondant de l'Académie royale des Sciences de Turin et de l'Athénée de Niort.

In-8°. Prix : 1 fr. 50 c. et 1 fr. 75 c. franc de port.

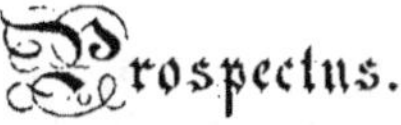

Prospectus.

Il y a plus de cinquante ans que l'immortel *Franklin* inventa contre la foudre un préservatif dont l'expérience n'a pas démenti l'efficacité; mais l'usage de ses appareils s'était borné à garantir nos édifices et nos principaux monumens contre

Les ravages de la matière fulminante. Les investigations toujours actives du physicien, guidées par cette première découverte, paraissent avoir obtenu, de l'application du même principe, les résultats les plus dignes d'encouragement.

Dans le Mémoire que nous publions, M. l'abbé *Rambert*, rapportant au fluide électrique les causes de la formation de la grêle, de la gelée blanche, de cette maladie qu'on nomme *charbon* dans les blés, et *brûlure* dans les vignes, s'attache à indiquer les procédés les plus simples pour prévenir ces fléaux destructeurs.

L'Auteur recommande son système à MM. les Membres des Sociétés d'agriculture; par un calcul extrêmement précis, il évalue les avantages énormes que les propriétés rurales retireraient de l'usage des paragrêles et des paragelées.

Il n'est pas un vigneron, un simple laboureur qui ne soit en état de pratiquer lui-même ces appareils, à portée de toutes les intelligences, et d'une exécution fort peu dispendieuse.

Des applications locales indiquées dans l'ouvrage, l'on peut inférer les plus heureuses inductions des résultats qu'aurait son système, si l'usage en devenait général dans le royaume.

Au surplus, le prix modique de ce livre, la précision des théories qu'il contient, la simplicité des moyens qu'il y propose, ne peuvent causer de préjudice à aucun intérêt. Les frais d'acquisition et l'essai des procédés ne peuvent rebuter personne. Pour peu qu'on ait le sentiment de son utilité privée, ou de la prospérité publique, on voudra mettre à profit des documens qui y touchent de si près. Quel est le jardinier qui n'essaiera pas à garnir son jardin de ces armes inoffensives, qui doivent protéger les plantes les plus tendres et les plus susceptibles, contre les effets de la gelée blanche?

Il serait à désirer que MM. les Préfets usassent dans les départemens de toute leur influence administrative pour favoriser la propagation de ces sortes de découvertes.

Paris, Imprim. de Madame Huzard (née Vallat la Chapelle)
rue de l'Éperon, N°. 7.

Ouvrages qui se trouvent à la même Librairie.

Des avantages de la plantation des mûriers, pour l'élève des vers à soie; par M. *A. Puvis.* Bourg, 1826. in-8°. 1 f. 50 et 1 f. 80 c. franc de port.

Des forêts de la France, considérées dans leurs rapports avec la marine militaire, à l'occasion du projet de *Code forestier;* par M. *Bonard,* ingénieur de la marine, etc. Paris, 1826. in-8°. 3 f. 50 c. et 4 f. 25 c.

Nouvelle méthode de vinification; ouvrage qui traite de la culture de la vigne, de la théorie de la fermentation vineuse, de l'art de faire, par un nouveau procédé vinificateur, le meilleur vin possible, de le conserver et de le coller; par *Aubergier.* Paris, 1825. in-12. 3 fr. 50 c. et 4 fr. 25 c.

Traité de la grande culture des terres, ouvrage utile à tous les cultivateurs et aux personnes qui voudraient faire valoir de grandes exploitations; par *Isoré,* cultivateur-propriétaire. 1802. 2 v. in-12. 3 f. et 4 f.

Traité pratique de la culture des pins à grandes dimensions, de leur aménagement, de leur exploitation, et des divers emplois de leurs bois; par *L.-G. Delamarre,* propriétaire-cultivateur-forestier. 2e. édition, augmentée d'un Appendice sur les cèdres du Liban, les melèzes et les sapins. Paris, 1826. in-8. 6 f. et 7 f. 25 c.

Manuel du bouvier, ou Traité de la médecine pratique des bêtes à cornes, ouvrage utile à ceux qui veulent élever des animaux, les dresser au travail et leur conserver la santé; par *Joseph Robinet.* Nouv. édit., augmentée de notes traduites de l'anglais par M. *Huzard* fils. Paris, 1826. 2 vol. in-12. 6 f. et 7 f. 60 c.

Notice sur l'importation et l'éducation des moutons à longue laine, et sur l'emploi de leur toison à la filature de Marcq; par *J. Cordier.* Paris, 1826, in-8°. 3 f. 50 c. et 4 f.

www.ingramcontent.com/pod-product-compliance
Lightning Source LLC
LaVergne TN
LVHW020041170826
845678LV00001B/368
* 9 7 8 2 3 2 9 6 9 3 6 9 9 *